L. KOLISKO

L'ACTION DES ASTRES

DANS

LES SUBSTANCES TERRESTRES

Études expérimentales

de

l'Institut Biologique du « Gœtheanum »

Traduit de l'allemand
avec l'autorisation de l'auteur

ORNÉ DE 15 PLANCHES

ÉDITIONS ALICE SAUERWEIN

Dépositaire général :

LES PRESSES UNIVERSITAIRES DE FRANCE
49, boulevard Saint-Michel, 49
PARIS

Volume I

L'ACTION DES ASTRES

DANS

LES SUBSTANCES TERRESTRES

par

L. KOLISKO

AVANT-PROPOS

Cette brochure qui traite de l'*Action des astres dans les substances terrestres*, est une petite parcelle d'un travail de longues années accompli par l'Institut Biologique du Gœtheanum. C'est une tentative faite en vue de pénétrer l'essence même de la matière, et d'apprendre à connaître les éléments dans leur activité.

Nous renvoyons le lecteur à la série d'articles traitant *Du Mystère de la Matière*, qui a paru dans « *Natura* » (1), périodique ayant pour objet le développement de l'art de guérir d'après les méthodes scientifiques de la connaissance spirituelle. La présente étude est en corrélation immédiate avec ses publications

Stuttgart, le 30 mars 1927.

L. KOLISKO.

(1) Edité par la section de Médecine de l'école libre de science spirituelle du Gœtheanum, Dornach.

L'ACTION DES ASTRES
DANS LES SUBSTANCES TERRESTRES

C'est du mystère de la Matière qu'il est ici question. Nous allons nous engager dans une voie nouvelle d'un domaine fort étendu. De merveilleuses perspectives, intérieures et extérieures, s'ouvriront à nous, si nous considérons, sans idée préconçue, les signes qui transmettent à notre sensibilité des images que la nature elle-même a gravées. Ce travail scientifique s'adresse à l'artiste en tout homme susceptible de contempler d'une manière révérencielle l'œuvre d'art qui lui est offerte par l'action *des astres dans les substances terrestres.*

Rudolf Steiner, le fondateur de l'Anthroposophie, nous a engagés à considérer avec une vision nouvelle le monde des minéraux, des plantes et des animaux. Il a montré à l'humanité le chemin qui, de la matière, ramène à l'esprit. C'est sous l'influence stimulante qui se dégage de l'Anthroposophie que ce travail a été accompli.

Toutes les matières qui nous environnent possèdent ou portent en elles une pesanteur spécifique et sont soumises à l'action des forces de la terre. Mais, le corps doué de pesanteur se trouve-t-il sous l'influence des forces terrestres *seules*, ou bien des forces extraterrestres agissent-elles également sur lui ? Les astres peuvent-ils agir aussi sur les matières terrestres ? Voilà qu'est ainsi soulevée une question dont la portée est incalculable.

Il est difficile, pour l'homme moderne, de croire qu'un astre, dont la lumière emploie plusieurs années pour parvenir à la terre, puisse exercer sur celle-ci une influence quelconque. Qu'y a-t-il en lui qui puisse agir ? La lumière et la chaleur ? Mais ces deux éléments ne sauraient, vu la distance immense, être pris en considération. Il ne reste donc que l'action invisible de forces que ne sauraient enregistrer les appareils scientifiques.

Et, cependant, les astres agissent dans le devenir terrestre !

Dans certaines conférences tenues par Rudolf Steiner devant un auditoire composé d'hommes de science, nous trouvons cette affirmation fort significative : *Aussi longtemps que les matières se trouvent à l'état solide, elles sont sujettes à l'action des forces terrestres. Dès qu'une matière se trouve à l'état liquide, l'action des planètes se fait sentir en elle.* En d'autres termes, si nous considérons du fer métallique, ou un sel quelconque de fer, ce corps solide et pesant n'est, en effet, soumis qu'à l'action des forces terrestres, mais, si nous jetons ce sel de fer dans de l'eau et l'y faisons dissoudre, ce ne sera plus la terre seule qui agira dans cette solution de fer, mais aussi la planète à laquelle nous sommes redevables de l'apparition du fer sur la terre, c'est-à-dire *Mars*.

Si nous prenons de l'argent métallique ou un sel d'argent, cette matière ne sera sujette qu'à l'action des forces terrestres. Mais si nous la dissolvons dans de l'eau, alors, il se manifestera dans la solution d'argent une action supérieure de la *Lune*, dont les influences, dans le passé lointain, ont déterminé l'apparition de l'argent sur la terre (1).

De même, si nous prenons du plomb métallique ou un sel de plomb quelconque il n'est soumis qu'aux seules forces de la terre. Faisons dissoudre le sel de plomb, et, d'après les données qui précèdent, nous constaterons, dans la solution de plomb, l'influence supérieure de la planète *Saturne*.

La tâche de la présente étude est d'apporter la démonstration de ces influences des astres dans les solutions de sels métalliques que nous venons d'indiquer.

Nous allons donc exposer sommairement une série d'expériences que chacun, dans une certaine mesure, peut contrôler. On comprendra clairement, au cours de l'exposé, pourquoi je suis obligée de dire que le contrôle n'est possible que « dans une certaine mesure ». L'organisation des expériences est extrêmement simple et facile à réaliser. Il n'est besoin, en dehors des substances, que de cuvettes en verre et de papier-filtre. Depuis plusieurs années, nous nous livrons à des recherches

____

(1) Voir *la Science occulte*, de Rudolf STEINER, traduction Jules Sauerwein, Éditions Perrin.

analogues, en vue d'autres investigations qui ont fait l'objet de travaux
précédemment publiés (1).

Nous avons d'abord adopté, pour nos expériences, trois solutions
de sels métalliques : le sulfate de fer, le nitrate d'argent et le nitrate de
plomb. Les solutions sont obtenues, pour chacun des cas considérés,
par la dissolution d'un gramme de sel pur dans 100 grammes d'eau
distillée, et elles se comportent de la manière suivante. Les cristaux
verts et vitreux du sulfate de fer disparaissent assez rapidement, l'eau
s'altère graduellement et prend une teinte légèrement jaunâtre ; après
un certain temps, nous voyons se former un sédiment pareillement
jaunâtre. D'après l'affirmation de Rudolf Steiner, dans ce liquide, agissent en plus des forces de celles de la terre, celles de *Mars*.

Nous faisons dissoudre ensuite, dans les mêmes proportions, le
second sel, le *nitrate d'argent*. Les cristaux, blancs et ténus, se dissolvent
très rapidement dans l'eau distillée. On serait presque tenté de dire
que l'eau les dévore avec une grande voracité. Rien ne révèle extérieurement que nous sommes désormais en présence d'une solution d'argent,
car l'eau demeure inaltérée. Dans cette solution, selon les données de
Rudolf Steiner, l'action de la *Lune* serait prédominante.

Nous prenons, enfin, le troisième sel, le *nitrate de plomb*, que nous
faisons dissoudre dans les mêmes conditions que le fer et l'argent. Le
plomb ne se dissout pas aussi rapidement que l'argent. Les cristaux de
plomb présentent un aspect quelque peu laiteux, opaque, lourd. La
solution ne devient pas trouble ; en ce cas, aussi, nous ne constatons
extérieurement aucune altération. Dans la solution de plomb, c'est
Saturne qui devrait manifester son activité.

Versons le sulfate de fer et les nitrates d'argent et de plomb, chacun

---

(1) *Données physiologiques et physiques sur l'activité des infiniment petits*, par
L. KOLISKO. (Editions philosophiques et anthroposophiques du Gotheanum,
Dornach, Suisse, 1923.)

*Données physiologiques et physiques sur l'action des infiniment petits dans
7 métaux. Action de la lumière et des ténèbres sur la croissance des plantes. Études
expérimentales de l'Institut Biologique du Goetheanum*, par L. KOLISKO. (Editions
philosophiques et anthroposophiques du Goetheanum, Dornach, Suisse.)

7

déparément, dans une large cuvette en verre. Trempons ensuite, dans ces cuvettes, des bandes de papier-filtre. Le liquide monte sur les bandes de papier-filtre, il parvient, après un certain temps, à sa limite ascensionnelle et, à cette limite, une image commence à se former. Ces images présentent une grande variété pendant leur formation. Nous nous réservons de parler de l'argent, de façon détaillée, dans une étude distincte de la présente.

La première planche donne la reproduction photographique (1) d'une image obtenue de la façon exposée plus haut, avec la solution d'argent. En dessous, se trouve l'image produite par le sulfate de fer. Celui-ci donne un mince ruban, d'un brun teinté de jaune, festonné d'ondes menues. Le fer n'a pas la possibilité d'être aussi multiforme que l'argent. Du nitrate de plomb nulle image n'est obtenue, car seule une couche de sel blanc et fin se dépose à la limite ascensionnelle. Le plomb ne présente, seul, aucune image.

Maintenant, faisons un pas en avant et mélangeons, en parties égales, la solution de sel d'argent avec la solution de fer. Après quelques minutes, nous voyons se former un sédiment d'un gris tendant au noir. Dans ce mélange où agissent l'argent et le fer, trempons à nouveau une bande de papier-filtre. Nous voyons alors surgir avec une grande rapidité une image merveilleuse (planche II) (2). Comment expliquer que l'union des deux images indiquées par la planche I donne maintenant lieu à une telle richesse, à un tel luxe de formes ? C'est donc que des forces dont on ne soupçonnait point l'existence, se manifestent, alors qu'elles étaient latentes dans le fer et dans l'argent ! C'est un devenir continuel qui s'exprime dans cette image, et ce devenir naturellement est rendu de la façon la plus vivante lorsqu'on en suit le développement progressif. Le liquide monte et, après dix minutes ou un quart

(1) Les belles reproductions photographiques de toutes les planches de cet ouvrage sont dues au concours bienveillant de M. Wilhelm Kaiser, mon collaborateur à l'Institut biologique.

(2) Cf. l'article « Fer et argent », dans le n° 3 de *Natura*, périodique ayant pour objet la diffusion de l'art de guérir d'après les méthodes scientifiques de la connaissance spirituelle.

d'heure environ, apparaît la première petite pointe de flèche noire. Celle-ci grandit, et, pendant qu'elle grandit, une seconde flèche surgit, puis une troisième, une quatrième. Toujours, l'une après l'autre, on les voit, pour ainsi dire « naître ». Car c'est bien à un processus de génération que l'on assiste, lorsque le fer et l'argent combinent leur action, ou, autrement dit, lorsque *Mars* et la *Lune* agissent de conserve.

C'est par centaines que se chiffrent les images dont nous avons provoqué la formation par ce procédé. Malheureusement, leur durée est limitée. L'argent devient progressivement noir et, après quelques semaines, la belle image est détruite. Il faut, par conséquent, se hâter de la photographier, si on tient à la conserver.

On ne se fatigue point, d'autre part, à répéter ces expériences à l'envi, car, quel que soit le nombre de fois que l'on fasse la même chose, jamais le résultat n'est semblable. A quoi cela peut-il tenir ? Du point de vue chimique, rien n'est changé dans les solutions d'argent et de fer. Les substances, extérieurement envisagées, demeurent les mêmes. Le papier-filtre est également toujours pareil. (Il y a, en effet, lieu de noter ici que, pour de semblables expériences, il n'est pas indifférent d'employer tel ou tel papier-filtre. Il importe, si l'on veut obtenir des résultats qui soient comparables entre eux, d'adopter toujours strictement le même papier).

Efforçons-nous, maintenant, de trouver une voie susceptible de jeter quelque lumière sur cette incroyable variété de formations !

Il existe, par exemple, une différence dont l'importance ne saurait être assez appréciée, entre le résultat d'une expérience faite à *la lumière du jour* et celui de la même expérience, si on s'y livre la *nuit*. Considérons d'abord l'image que l'on obtient en faisant agir l'argent et le fer à la clarté du jour. Mélangeons, dans ce but, de la façon déjà décrite, l'argent et le fer en parties égales, dans une cuvette, par exemple, à 11 heures du matin. Il fait beau temps, le soleil luit. Approchons la cuvette d'une fenêtre, de telle sorte que, tout en se trouvant exposée à la lumière du soleil, elle ne soit pas, toutefois, immédiatement touchée par ses rayons (planche III). La belle image que l'on obtient ainsi produit, si on l'observe longuement, une impression harmonieuse et apaisante. Elle présente un nombre de formes sagittales extrêmement restreint. Le ton des

... est très flou, gris bleuté, brun jauné se résolvant en un scintillement roux.

C'est ainsi que, pour la plupart, apparaissent les images, quand l'expérience est faite aux environs de midi. Plus il fait clair, et plus les formes tendent à s'estomper ; il peut même arriver que nulle petite pointe de flèche ne soit visible. Si l'expérience a commencé à 11 heures du matin, l'image est complètement formée vers 3 ou 4 heures de l'après-midi.

Répétons maintenant l'expérience au cours de la nuit même. A 11 heures du soir, mélangeons les sels d'argent et de fer en parties égalés, versons-les ensemble dans une cuvette et plaçons celle-ci au même endroit que le matin. C'est la nuit et, en l'occurrence, une belle nuit printanière étoilée. La première observation qui s'impose est que le processus de formation s'accomplit *plus rapidement* qu'à la lumière du jour. Cela peut être constaté, montre en main, par qui que ce soit. A 3 heures du matin, tout le liquide est absorbé et l'image est complètement formée (voir planche IV.) Quelle différence considérable entre l'image obtenue le jour et celle qui s'est formée la nuit !

On pourra dire qu'il s'agit peut-être d'un hasard. La différence est trop sensible pour qu'il en puisse être ainsi. Quelles perspectives s'ouvrent à nos yeux si le fait est constaté qu'un processus s'accomplit ainsi le jour tout autrement que la nuit ! Or, ces essais ont été répétés très souvent, et toujours avec le même résultat. La nuit, le processus s'accomplit plus rapidement et de façon plus accentuée que le jour.

Mais il y aurait peut-être encore une objection à faire. Qu'y a-t-il donc eu de si profondément changé au cours de ces essais ? Le jour, le processus s'est développé sous l'action de la lumière, et la nuit, dans l'obscurité. La *nuit* est-elle donc indispensable pour que les formes puissent se dessiner ? J'entends la nuit réelle, avec tout ce qui se produit dans la nature, chez les plantes, les animaux et l'homme, alors que tout repose. Une nuit que l'on produit artificiellement en faisant l'obscurité, en éteignant les lumières, n'est-elle peut-être pas suffisante ? La lumière et les ténèbres ne doivent pas être nécessairement synonymes de jour et de nuit.

Essayons, en effet, de remplacer la nuit par l'obscurité artificiellement créée.

Dans ce but, répétons l'expérience déjà faite à la lumière du jour, à la même heure, mais dans la chambre noire. Là, il fait nuit, alors qu'à l'extérieur, le soleil brillé. Entre 11 heures du matin et 3 heures de l'après-midi, le processus se déroule dans la chambre noire. Nous obtenons l'image reproduite à la planche V. Si nous comparons la planche V à la planche III, nous devons convenir que de nombreuses formes sont apparues à l'obscurité, qui, à la lumière, n'ont pu se produire. En rapprochant l'image obtenue le jour, dans la chambre noire, de l'image obtenue la nuit, à la fenêtre, c'est-à-dire la planche V et la planche IV, il apparaît encore une fois que les forces de formation ont été, en effet, plus puissamment actives la nuit que le jour dans la chambre noire.

Mais il est encore nécessaire de procéder à l'expérience la nuit, dans la chambre noire. L'obscurité étant la même, si celle-ci seule est déterminante, l'image qui se produit la nuit, dans la chambre noire, devrait donc présenter le même aspect que l'image obtenue le jour, dans les mêmes conditions.

Reprenons l'image de la planche IV, obtenue à 11 heures du soir, près de la fenêtre du laboratoire. A la même heure, répétons l'essai dans la chambre noire et attendons jusqu'à 3 heures du matin (voir planche VI). Voici que l'image qui se produit la nuit, dans la chambre noire, présente une richesse de formes plus grande que l'image obtenue le jour, également dans la chambre noire. Nous ne pouvons plus dire, à présent, que l'action déterminante est *seulement* celle de la lumière et de l'obscurité et non celle du jour et de la nuit. Certes, la lumière et les ténèbres jouent aussi un rôle, puisqu'elles font partie du jour et de la nuit; ce ne sont cependant pas elles seules qui sont déterminantes, mais tout ce qui pendant la nuit, ou le jour, se produit dans le cosmos entier.

Nous avons encore à considérer, maintenant, la troisième substance : le *plomb*.

Le plomb, sous forme de sel, pris isolément, ne nous donne aucune image ; nous l'avons déjà vu. Longuement, nous nous sommes efforcés de créer une possibilité pour rendre également visible l'action des forces du plomb. Or, une de ces possibilités nous a été offerte, justement, en combinant ce métal avec l'argent et le fer. Suivons donc le même chemin que pour le fer et l'argent.

Mélangeons, en parties égales, du nitrate d'argent, du nitrate de plomb et du sulfate de fer, en une solution de 1 gramme pour 100 cm³ d'eau distillée. Plaçons alors, à 11 heures du matin, la cuve au même endroit que pour les expériences précédemment décrites, et laissons-y tremper les bandes de papier-filtre jusqu'à 3 heures de l'après-midi (voir planche VII). L'image obtenue est très sombre. Peu de formes sagittales. D'une manière générale, les formes sont différentes de celles que présentent l'argent et le fer seuls. Elles vont cependant nous apparaître encore plus distinctement.

L'expérience successive consiste à faire agir l'argent, le fer et le plomb entre 11 heures du soir et 3 heures du matin (voir planche V). De nouveau nous constatons que la nuit agit plus puissamment que le jour sur ces formes. Il suffit, pour s'en convaincre, de se rapporter à l'image correspondante (planche IV), où le plomb est *absent*.

Argent, fer et plomb, le jour, *dans la chambre noire*, offrent une image caractéristique de l'action du plomb. Les formes sagittales, que produit l'action combinée de l'argent et du fer, se présentent toujours, quand ces éléments agissent seuls, nettement délimitées, avec des contours nets. On dirait, alors, qu'elles *s'envolent légèrement dans les airs*. Ici, par contre, intervient l'action du plomb, qui rend les flèches visiblement plus lourdes. Elles ne *s'envolent* plus ; elles donnent plutôt l'impression de *tomber*. Elles tendent vers la terre. Je ne puis faire autrement qu'essayer d'expliquer l'image par une autre image. La délimitation nette des contours est dissoute par l'intervention des forces agissantes du plomb. Les formes apparaissent fendillées, pailleuses. Dans le cas où le fer et l'argent agissent seuls, l'image peut donner une impression analogue à celle que l'on éprouve en présence d'un visage frais et jeune ; dès qu'intervient le plomb, ce visage apparaît vieux, ratatiné, affligé. Je ne voudrais pas que l'on se méprenne ici sur le sens de mes paroles, et que quelqu'un puisse penser que je veuille, dans l'une de ces images, faire voir un visage jeune et, dans l'autre, un visage vieux. Cela serait, naturellement, absurde. Mais la sensation que peuvent donner les images, si on les observe longuement et attentivement, me semble exactement rendue par la similitude que je viens d'employer (voir planche IX).

Plaçons, enfin, une solution d'argent, de fer et de plomb, à 11 heures du soir, dans la chambre noire, et laissons l'expérience se dérouler jusqu'à 3 heures du matin (voir planche X). Il est certain qu'on ne peut, en contemplant cette image, se soustraire à une sensation de *pesanteur*. Combien gigantesques, massives, plastiques se présentent les formes ! C'est encore la nuit, et dans la chambre noire, que nous obtenons les formes les plus puissantes.

Ici également, les formes des images que l'on peut obtenir en combinant ces trois métaux sont infiniment variées. Nous avons à notre disposition une documentation considérable, mais nous devons ici limiter notre choix, car les reproductions sont fort coûteuses. Lorsque, bientôt, nous pourrons faire suivre cette brochure d'une nouvelle étude, l'abondance de la documentation permettra de lutter plus efficacement contre les doutes qui pourraient éventuellement surgir à l'égard des faits que nous venons d'exposer.

****

Il est cependant *une chose* que toutes ces images ne nous ont pas encore permis de montrer ; c'est que, dans ces énergies formatrices, agissent effectivement les forces astrales. Comment peut-on démontrer que, dans l'argent, agit la *Lune*, dans le fer, *Mars* et, dans le plomb, *Saturne* ?

Or, une expérience nous a mis en mesure de déterminer l'action de ces planètes.

Le 21 novembre 1926, d'intéressantes conjonctions planétaires se produisirent : à midi, une conjonction supérieure du soleil et de vénus ; à 6 heures du soir, une conjonction du soleil et de saturne. Une rencontre se produisait donc, dans le firmament, entre saturne et le soleil. Pouvions-nous mieux faire que de procéder, à ce moment, à une série d'essais avec l'argent, le fer et le plomb ? Depuis des mois, nous avions, tous les jours et toutes les nuits, étudié ces substances, dans leur action combinée. Or, Rudolf Steiner dit que, dans une solution de plomb,

les forces de saturne. Puisqu'il se produit, dans le ciel, quelque
chose d'insolite avec saturne, si cette planète est en corrélation avec
le plomb sur la terre, il faut que la solution de plomb, lorsque le soleil
se trouve devant saturne, soit traversée par d'autres forces que lorsque
ce fait ne se produit point. C'était une expérience au seuil de laquelle,
déjà, le cœur battait plus rapidement. Réussirions-nous à pénétrer les
arcanes du Cosmos, ou échouerions-nous dans cette tentative ?

Le 21 novembre 1926, à 6 heures du soir, le papier-filtre fut plongé
dans une solution d'argent, de fer et de plomb. Il fait déjà noir, à
cette saison, et il était donc possible qu'une image apparût, semblable
à celle de la planche VIII. A notre grand étonnement, il fallut un temps
exagérément long pour qu'une forme quelconque consentît à se montrer. Alors que, dans les conditions normales, les premières forces se
dessinent au bout de 10 à 15 minutes, en ce cas, il s'écoula *plus d'une
heure* avant que quelque chose apparût. C'était tellement surprenant
que, pas un seul instant, nous ne cessâmes d'observer l'image. Très lente-
ment, les pointes sagittales se formèrent, en nombre fort restreint. Les
formes merveilleuses, qui généralement apparaissent, ne se montrèrent
point. A 11 heures du soir, l'image était complète (voir planche XI).
Involontairement, une question se pose. Où sont toutes les formes ?
Où donc est le plomb ?

C'était un singulier résultat ! Je dois avouer que j'en étais d'autant
plus déconcertée, que j'avais entrepris l'expérience en me disant : Si
saturne et le soleil se rencontrent, il se peut, en ce cas, qu'une activité
particulière soit communiquée au plomb ; l'image, alors, présentera,
plus accentuées, les caractéristiques de l'action du plomb. Or, je me
trouvais en présence du résultat contraire ! La pensée abstraite se
trouvait ainsi corrigée par la réalité.

L'expérience fut répétée à minuit et, cette fois, dans la chambre
noire. Nous savons que les énergies de formation y agissent de la façon
la plus intense. Après deux heures, on pénétra dans la chambre noire,
afin d'examiner le résultat déjà obtenu. L'image était encore une fois
si curieuse, si énigmatique, qu'un nouvel essai fut entrepris à 2 heures
du matin.

La planche XII nous montre l'image produite entre minuit et

5 heures du matin. Toute possibilité d'erreur au cours de l'expérience était absolument inadmissible. Les conditions expérimentales étaient telles que, dans des circonstances normales, l'image devait apparaître analogue à celle que reproduit la planche X. Or, à l'endroit où, sur cette image, abondaient les formes lourdes et massives, nous nous trouvions en présence d'un vide absolu. Une main invisible avait supprimé l'action du plomb dans la solution. Quelle était cette invisible main ? *Le soleil.* Le soleil était placé devant saturne et, sur la terre, ici-bas, le plomb ne pouvait pas agir !

Lorsque les astres parlent, l'homme ne peut que s'abîmer en un hommage muet !

La planche XIII reproduit l'image provoquée par l'argent, le fer et le plomb, entre 2 heures et 7 heures du matin. Insensiblement, discrètement, les formes réapparaissent. On sent que saturne n'est plus entièrement recouvert par le soleil. Dans cette image aussi, l'on ne trouve aucune analogie avec les formes habituelles.

Le 22 novembre 1926, à 11 heures du matin, nous procédâmes encore à un essai avec l'argent, le fer et le plomb, dans la chambre noire, et nous obtînmes l'image donnée par la planche XIV.

Finalement, le 22 novembre 1926, à 11 heures du soir, dans la chambre noire, apparut l'image reproduite à la planche XV.

La conjonction héliosaturnienne était passée, et les conditions normales se rétablissaient. A partir de ce moment, les nuits et les jours suivants nous donnèrent à nouveau les jolies formes que nous connaissions si bien.

*_**

Ces expériences nous ont permis d'indiquer le pont qui relie la terre au ciel, la matière à l'esprit, la matière inerte à la matière fécondée par l'esprit. Si beaucoup d'hommes voulaient accepter les paroles de Rudolf Steiner pour ce qu'elles sont, c'est-à-dire des matériaux servant à construire le lien entre le terrestre et le cosmique, alors l'humanité pourrait accomplir la mission qui lui est assignée par l'esprit des temps.

DESCRIPTION DES PLANCHES

Nitrate d'argent

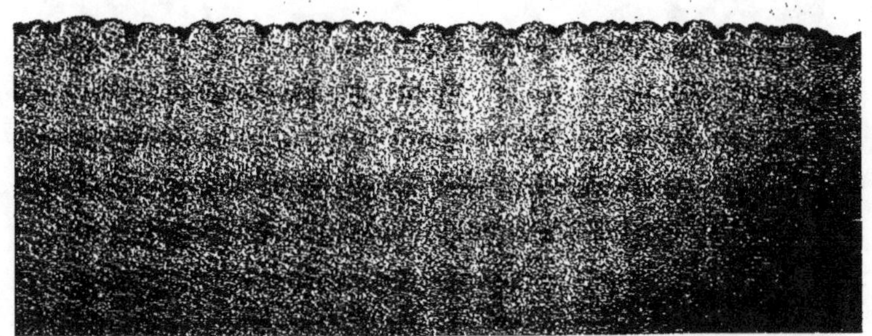

Sulfate de fer

Nitrate d'argent et sulfate de fer

Nitrate d'argent et sulfate de fer

Image obtenue à la lumière du jour, 11 heures du matin

Nitrate d'argent et sulfate de fer

Image obtenue la nuit, 22 heures

Nitrate d'argent et sulfate de fer

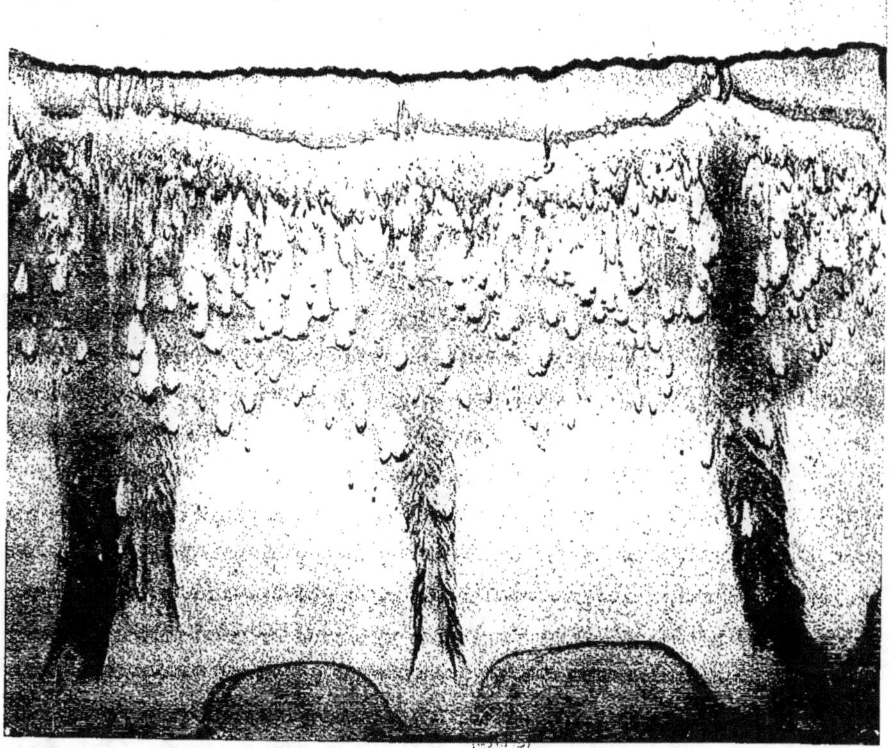

Le jour, dans la chambre noire

Nitrate d'argent et sulfate de fer

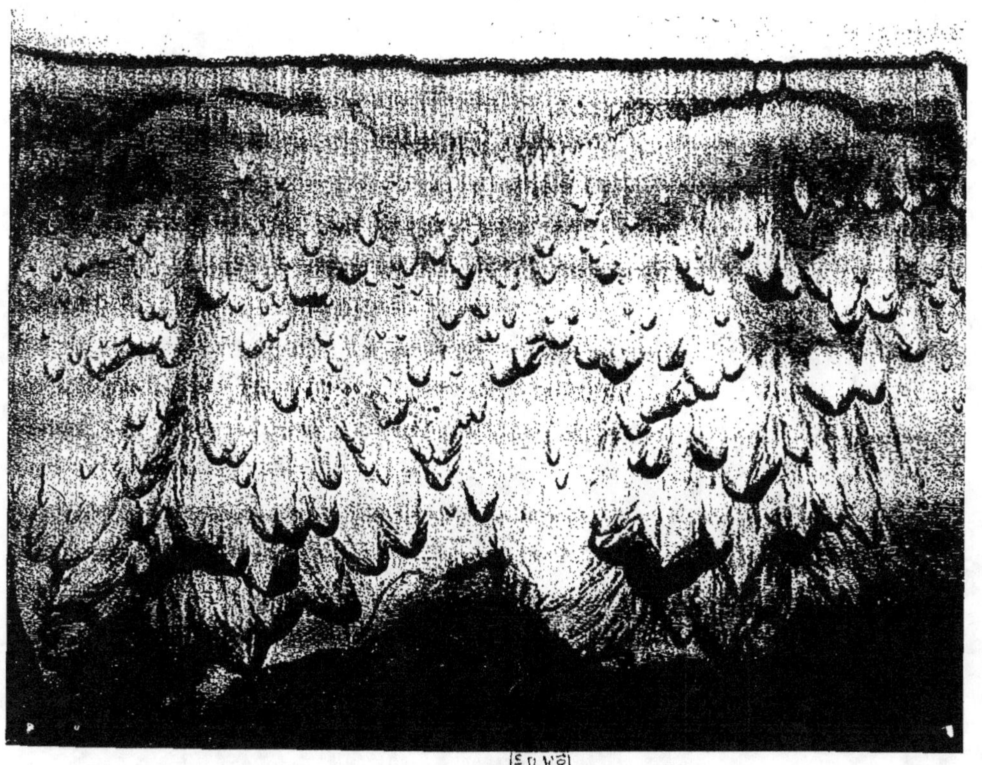

La nuit, dans la chambre noire

Nitrate d'argent, sulfate de fer et nitrate de plomb

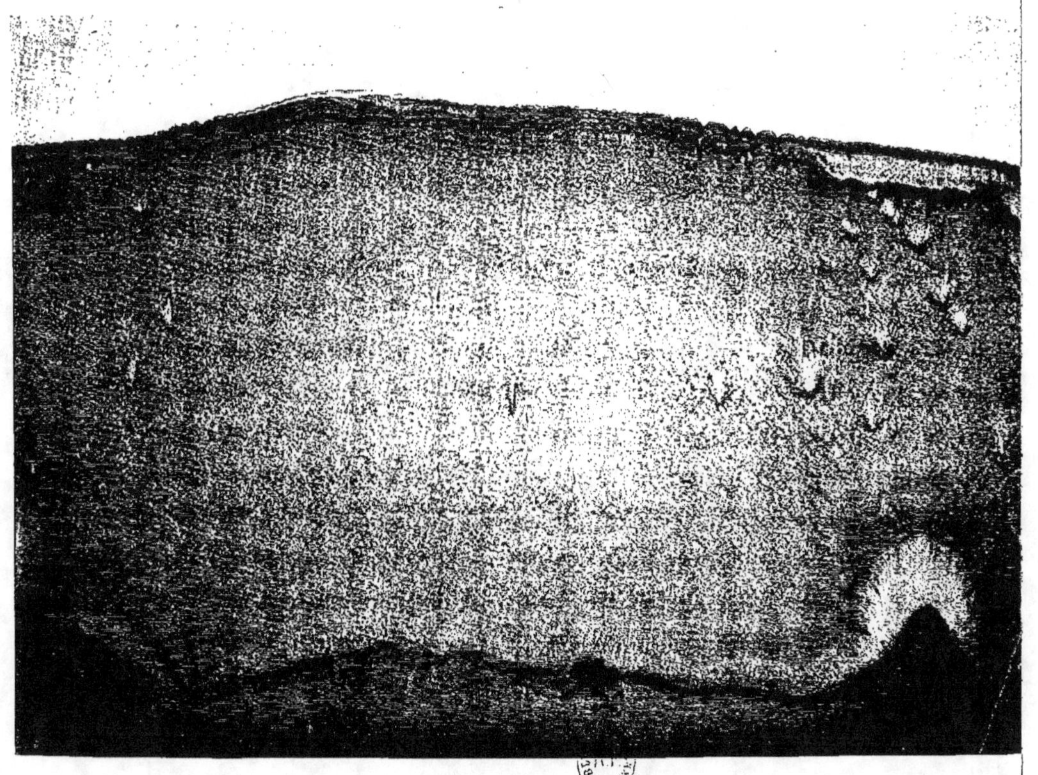

A la lumière du jour, 11 heures

Nitrate d'argent, sulfate de fer et nitrate de plomb
La nuit, 23 heures

Nitrate d'argent, sulfate de fer et nitrate de plomb

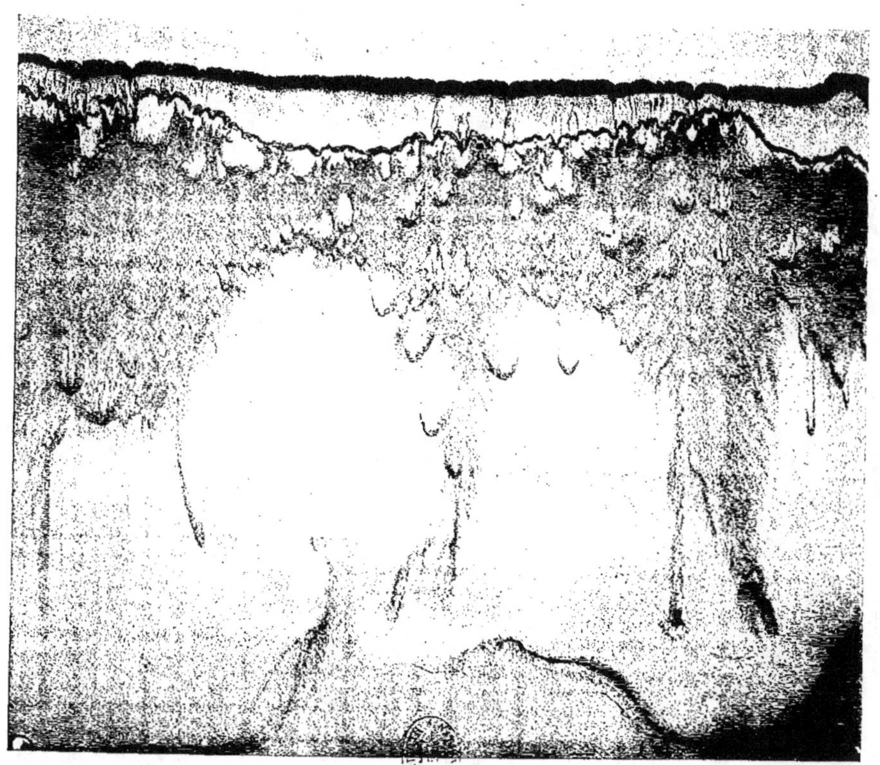

Le jour, dans la chambre noire, 11 heures

Nitrate d'argent, sulfate de fer et nitrate de plomb

La nuit, dans la chambre noire, 23 heures

Nitrate d'argent, sulfate de fer et nitrate de plomb

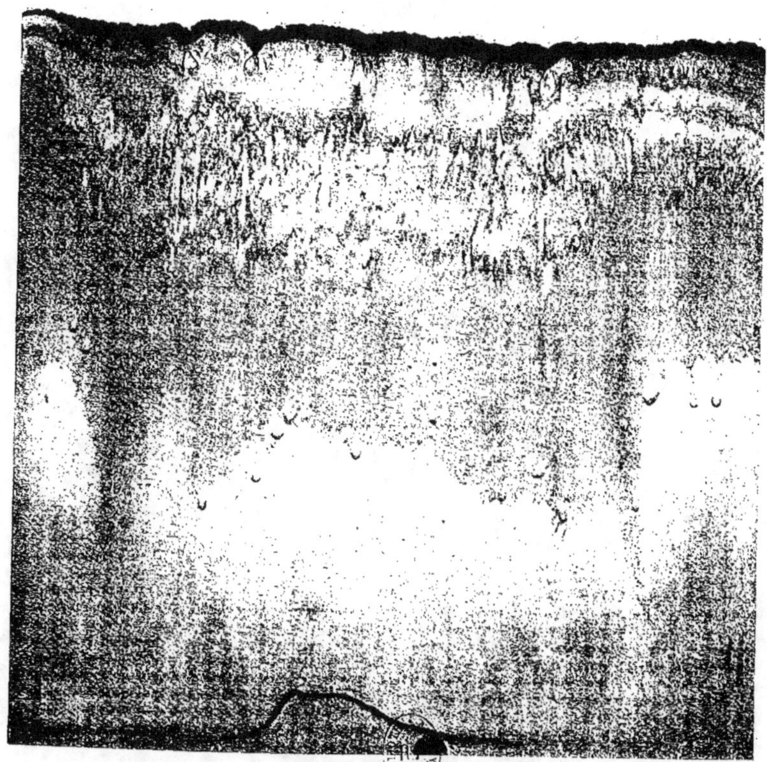

Au moment de la conjonction de saturne et du soleil
21 novembre 1926, à 18 heures

Nitrate d'argent, sulfate de fer et nitrate de plomb

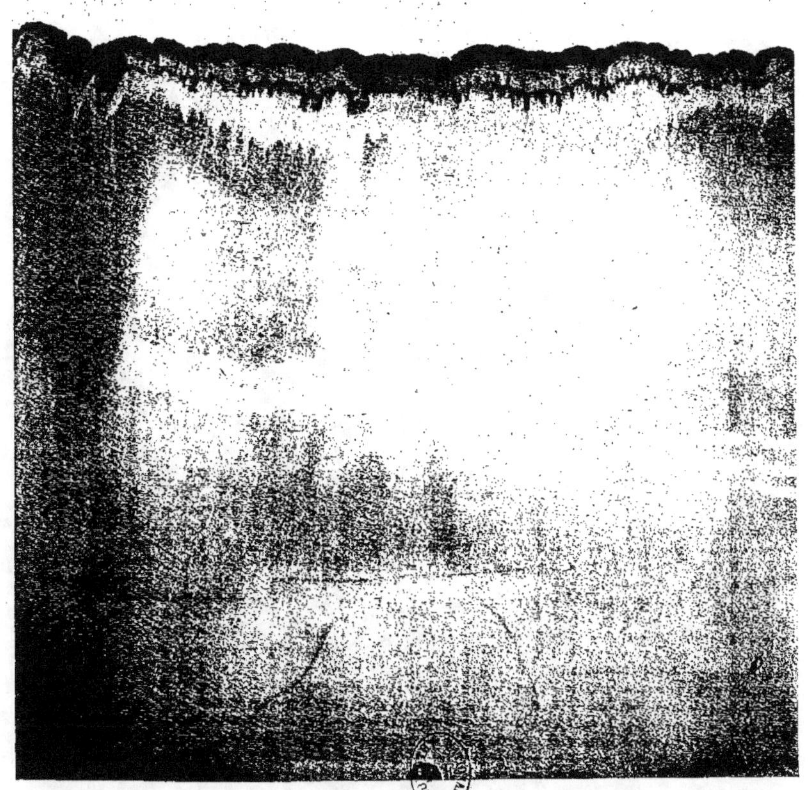

Au moment de la conjonction héliosaturnienne
dans la chambre noire, à minuit

Nitrate d'argent, sulfate de fer et nitrate de plomb

Au moment de la conjonction héliosaturnienne
dans la chambre noire, à 2 heures du matin

Nitrate d'argent, sulfate de fer et nitrate de plomb

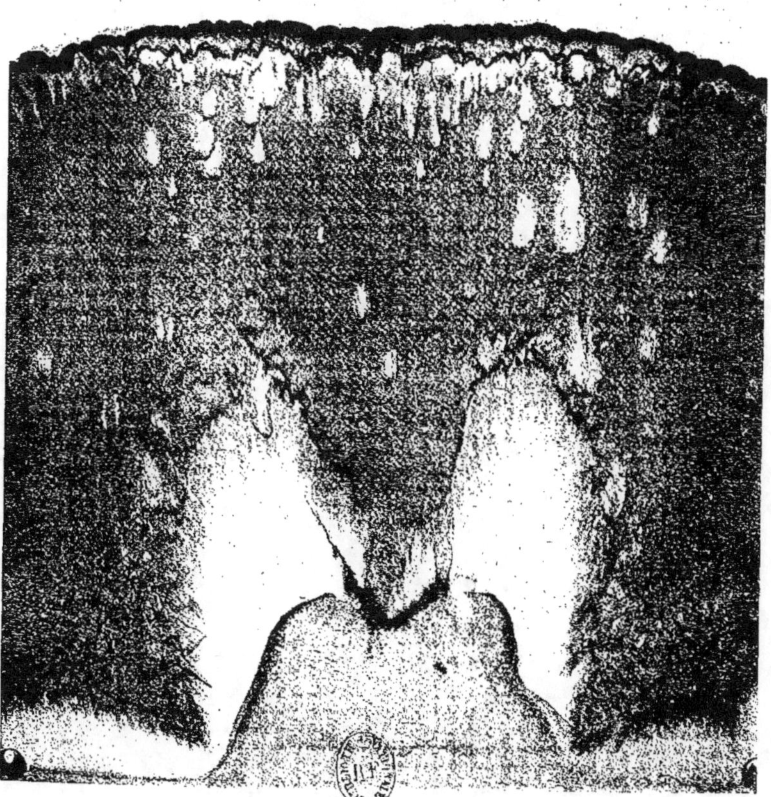

Le premier jour, 11 heures du matin
après la conjonction de saturne et du soleil

Nitrate d'argent, sulfate de fer et nitrate de plomb

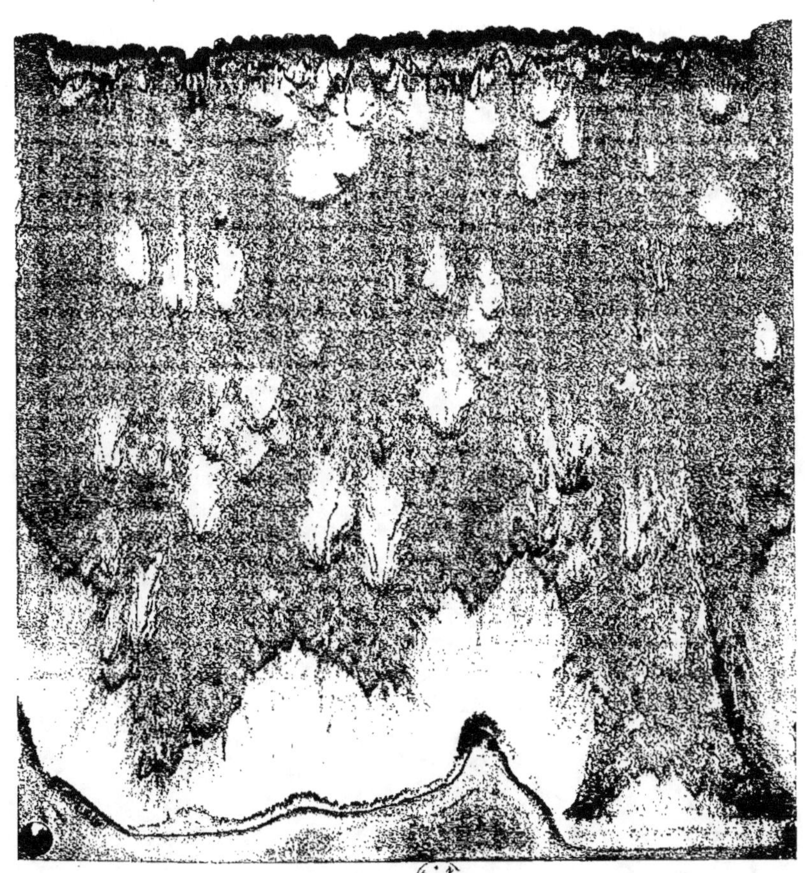

La première nuit, 23 heures
après la conjonction de saturne et du soleil

* 9 7 8 2 3 2 9 0 8 9 5 4 6 *